Guillermo Bracamonte
Rosalia F. Bracamonte
Lucia V. Bracamonte Gontero

Novas tecnologias baseadas no controlo à nano, micro e microescala

Guillermo Bracamonte
Rosalia F. Bracamonte
Lucia V. Bracamonte Gontero

Novas tecnologias baseadas no controlo à nano, micro e microescala

Para a libertação de medicamentos, nutracêuticos e produtos ligeiros não clássicos

ScienciaScripts

Imprint

Cover image: www.ingimage.com

This book is a translation from the original published under ISBN 978-620-0-01938-7.

Publisher:
Sciencia Scripts
is a trademark of
Dodo Books Indian Ocean Ltd. and OmniScriptum S.R.L publishing group

120 High Road, East Finchley, London, N2 9ED, United Kingdom
Str. Armeneasca 28/1, office 1, Chisinau MD-2012, Republic of Moldova, Europe
Managing Directors: Ieva Konstantinova, Victoria Ursu
info@omniscriptum.com

Printed at: see last page
ISBN: 978-620-8-57799-5

NOVAS TECNOLOGIAS BASEADAS NO CONTROLO À ESCALA NANOMÉTRICA E MICRO PARA A ADMINISTRAÇÃO DE MEDICAMENTOS, PRODUTOS NUTRACÊUTICOS E LUZ NÃO CLÁSSICA

VERSÃO EN ESPAÑOL

NOVAS TECNOLOGIAS BASEADAS NO CONTROLO À ESCALA NANOMÉTRICA E MICRO PARA OS PRODUTOS FARMACÊUTICOS, NUTRACÊUTICOS E

ENTREGA DE LUZ NÃO CLÁSSICA

ROSALIA F. BRACAMONTE, ESPECIALISTA. TÉCNICO DE CIÊNCIAS. [6], LUCIA V. BRACAMONTE GONTERO, ESPECIALISTA. TÉCNICA QUÍMICA. [6], A. GUILLERMO BRACAMONTE, DR. EM CIÊNCIAS QUÍMICAS [1], [2], [3],

*[4], 5], [6], [7]**

[1] *INSTITUTO DE INVESTIGACIONES EN FÍSICO QUÍMICA DE CÓRDOBA (INFIQC), DEPARTAMENTO DE QUÍMICA ORGÁNICA, FACULTAD DE CIENCIAS QUÍMICAS, UNIVERSIDAD NACIONAL DE CÓRDOBA (UNC). CIUDAD UNIVERSITARIA, 5000 CÓRDOBA, ARGENTINA.*

[2] *DEPARTEMENT DE CHIMIE AND CENTRE D'OPTIQUE, PHOTONIQUE ET LASER (COPL), UNIVERSITÉ LAVAL, QUÉBEC (QC), CANADA, G1V 0A6.*

[3] *DEPARTMENT OF CHEMISTRY, UNIVERSITY OF VICTORIA (UVIC), VANCOUVER ISLAND, V8W 2Y2 BRITISH COLUMBIA (BC), CANADA.*

[4] *INSTITUT FUR ORGANISCHE CHEMIE, UNIVERSITAT REGENSBURG 93040, REGENSBURG, ALEMANHA.*

[5] *UNIVERSIDADE DE AKRON, INSTITUTO DE CIÊNCIA E ENGENHARIA DE POLÍMEROS; E INSTITUTO DE ASTROBIOLOGIA DA NASA, OHIO, ESTADOS UNIDOS.*

[6] *(I) ESCUELA TÉCNICA ENET N°1, GRAL. SAVIO (IPET Nº 266 GRAL. SAVIO); E (II) REMEDIOS ESCALADA DE S. MARTÍN. CÓRDOBA, ARGENTINA; III) SCHOOL COMMISSION "DES DECOUVERTES", QUEBEC; E "BRITISH COLUMBIA EDUCATION SYSTEM", BC, CANADÁ.*

[7] *MEMBRO DA REDE DE LIGAÇÃO TECNOLÓGICA DO CONICET-CCT (CENTRO CIENTÍFICO TECNOLÓGICO), CÓRDOBA, ARGENTINA.*

UVictoria ULaval

URegensburg UAkron

ÍNDICE

PREFÁCIO

Este trabalho de investigação desenvolve o tema das novas tecnologias baseadas no controlo da matéria e da sua composição à escala nanométrica e micro para a geração de nanotecnologia, microdispositivos, chips e instrumentação de dimensões reduzidas. Em particular, centra-se na conceção de ideias e novas estratégias para a libertação de fármacos, biofármacos e nutracêuticos. Ou seja, em diferentes espécies químicas de interesse em Ciências da Vida com interesses na saúde, nutrição e melhoria do desempenho desportivo. Aborda também o tema do diagnóstico e dos tratamentos em que está envolvido um elevado nível de instrumentação e tecnologia conexa e em que novos nanomateriais e micromateriais podem fazer parte de uma nova técnica ou metodologia. Por outras palavras, são mostrados e analisados os recentes avanços neste domínio, bem como são comparadas e mencionadas incorporações concretas e reais que já se encontram no mercado quase diariamente. Do mesmo modo, o conceito já mencionado de libertação de uma espécie química associada a uma determinada propriedade foi alargado à libertação de luz não clássica. Esta luz dita não clássica diz respeito a novas estratégias na geração de luz que envolvem manipulações de comprimentos de onda, energias e colorações com diversas aplicações, tal como no conceito clássico. São apresentados exemplos de nanoemissores e tecnologias relacionadas, tais como LEDs (Light Emitting Devices), lasers e lâmpadas, onde são aplicados desde estudos em células até às actuais tecnologias de iluminação. Além disso, está a ser alargado o conhecimento e a sensibilização para a necessidade de utilização da tecnologia de nanoemissão de luz em novos tratamentos de saúde, bem como para o desenvolvimento de uma boa vida em geral. Trata-se, portanto, de um compêndio de informações de amostragem e análise para a proposta de novas tecnologias no contexto da educação, ciência e desenvolvimento. Neste sentido, apresenta também resultados experimentais recentes em desenvolvimento e publicados pelos autores sobre novas nanotecnologias e aplicações. Desta forma, foram recolhidas informações de diferentes Universidades e Sistemas de Ensino de diversos países e regiões do planeta de forma presencial; assim como muitas outras desenvolvidas em actividades virtuais cumprindo tarefas relacionadas com congressos, cursos, educação à distância, projectos editoriais e trabalhos colaborativos.

RESUMO

Neste tratado sobre as novas tecnologias emergentes no domínio das Ciências da Vida, a construção do conhecimento a partir do controlo à escala nanométrica e micro para a proposta e desenvolvimento de nanotecnologia, microtecnologia, microdispositivos, chips e instrumentação de dimensões reduzidas é abordada de forma simples. O controlo de partículas minúsculas é abordado por reacções químicas em dispersão coloidal, bem como por outras tecnologias secas que utilizam lasers e métodos para a modificação de superfícies e substratos. Estas Nano-, Microestruturas podem ter diferentes aplicações. Neste sentido, o presente trabalho de investigação desenvolveu o conceito de conceção com perspectivas para a preparação de novos produtos nanofarmacêuticos e nutracêuticos para a libertação controlada dos seus ingredientes activos. Também para o desenvolvimento de diagnósticos precoces e aplicação de novos tratamentos médicos de alta precisão. Muitos destes conceitos estão atualmente a ser estudados ao nível da ciência fundamental, mas muitos deles transcendem o mercado e já estão incorporados em tecnologias e tratamentos a que a sociedade tem acesso sem o saber. Além disso, a partir da nano, micro e microescala, a libertação de luz não clássica pode ser gerada por diferentes razões. Os nanoemissores com elevada intensidade luminosa podem marcar células e tecidos, bem como atuar como nanoplataformas onde podem ser detectadas moléculas de interesse biológico. Do mesmo modo, estas arquitecturas minúsculas podem participar na geração de luz em novos sistemas como os LED (Light Emitting Devices). Neste sentido, podem atuar como de luz para iluminação de sistemas ópticos como os microscópios, bem como irradiando células e tecidos para diversas aplicações relacionadas com a Bioimagem e a Biodetecção. Neste compêndio de conhecimento, todos estes tópicos são tratados numa abordagem multidisciplinar com ênfase na Química, Nanoquímica, Nano-ótica, Física, Fotofísica e Fotónica desenvolvidas com perspectivas de Biofotónica e Nanomedicina. É aí, que numa mesma estrutura de dimensões reduzidas que pode assumir a forma de um pó, de uma dispersão coloidal, de um creme, de um penso, pode conter Nano-, Microestruturas com funcionalidades de libertação de um determinado fármaco, produto nutracêutico, e ainda libertação de luz não clássica detectada através de sofisticados sistemas ópticos de alta precisão como Microscópios, Tomógrafos, e scanners. Para a apresentação destes temas analisámos publicações recentes, bem como artigos pioneiros em cada uma das disciplinas científicas, o que nos permitiu apresentar um breve resumo ou revisão dos temas. De referir ainda que este tratado foi desenvolvido no âmbito da articulação tecnológica, da Educação em Ciência e da Formação Contínua, em várias disciplinas científicas e áreas transversais do conhecimento que se encontram em projectos de colaboração com diferentes Instituições Académicas Internacionais. No final deste compêndio, são brevemente apresentados os avanços nas nanotecnologias multifuncionais que incorporam múltiplos materiais funcionais para a sua libertação controlada através de sistemas ou mecanismos controlados remotamente. Assim, discute-se e conclui-se sobre os avanços desde a ciência fundamental até à transferência de conhecimentos no domínio das nanotecnologias. Mercado das Ciências da Vida onde todos procuramos novas estratégias para a melhoria da qualidade de vida em geral.

INTRODUÇÃO

1. Introdução: conceitos desde o princípio ativo de uma molécula até à Nanoquímica em Ciências da Vida.

Esta introdução aborda as bases e os fundamentos sobre os quais se constrói o conhecimento, desde a conceção e a síntese de uma molécula até à montagem de várias moléculas, tal como ocorre nas reacções poliméricas. Continuando com o controlo em 3 dimensões, é possível reunir moléculas e átomos em dimensões superiores para gerar Nano-, Micro- e Micro-materiais com determinadas funções. Neste contexto, é de referir que a unidade média do nanómetro relaciona dimensões de comprimento em milionésimos de milímetro mais pequenas do que um milímetro disponível nas réguas escolares. Assim, o controlo da nanoescala faz-se em dimensões infinitesimais, mas muito acima do nível molecular. Para compreender isto, é necessário saber que as moléculas com dimensões médias, como os aminoácidos nas proteínas, podem aglomerar-se de 100 a 1000 para formar 1 nanómetro (nm). É nestas dimensões que se insere o desenvolvimento deste compêndio Nanotechnology and Life Science applications, que desenvolve, em particular, a forma como o controlo à escala nanométrica pode ser utilizado para a conceção e síntese de novos produtos nanofarmacêuticos e nutracêuticos. Várias moléculas com ingredientes activos podem ter efeitos positivos na saúde; no entanto, um dos maiores desafios em farmácia é a via de administração, a incorporação e a deteção do tecido ou órgão para que inicie a sua ação desejada no local apropriado. Assim, nem todos os desafios foram resolvidos e muitos deles foram parcialmente resolvidos. Um determinado fármaco pode ser degradado nos diferentes meios através dos quais circula até atingir o local específico onde deve atuar com base em interações específicas com receptores-alvo.

Da mesma forma, pode-se contemplar a incorporação de Nutracêuticos, sendo um grupo de moléculas sintéticas e naturais; Bioestruturas, Nutrientes, antioxidantes, vitaminas e estruturas químicas diversas que contribuem com a nutrição para a boa conformação e manutenção do organismo com saúde plena. O principal objetivo dos Nutracêuticos é a proteção da saúde através da ingestão controlada de nutrientes específicos, que são incorporados antecipadamente para a disposição do organismo no processo anabólico de construção e manutenção das funções vitais através de diversos mecanismos biológicos. Desta forma, podem atuar como agentes preventivos no desenvolvimento de futuras doenças. Neste sentido, os agentes nutracêuticos podem ser considerados também como fármacos. E, nesse sentido, a libertação de fármacos e nutracêuticos de forma controlada e activada por mecanismos considerados inteligentes com base numa resposta específica são também alguns dos principais desafios a enfrentar do ponto de vista da conceção e aplicação de fármacos num determinado tratamento.

Neste sentido, o controlo à nanoescala pode trazer muitas melhorias na capacidade de absorção de fármacos e nutrientes. Isto está relacionado com as interações das moléculas envolvidas com o meio em que são absorvidas. A via e a entrega ao órgão e/ou membrana alvo. Pode também ser uma estrutura de dimensões minúsculas que fornece concentrações controladas de moléculas específicas para aplicação local. E, neste contexto, a aplicação local também se refere ao nível das células e dos organelos. Isto implica que um fármaco pode ser doseado de forma controlada num local ativo que necessita apenas de tratamento. Desta forma, o tratamento aumenta a sua especificidade e diminui os possíveis efeitos adversos indesejáveis[1] . A microescala pode proporcionar, no que respeita aos materiais, a conceção de superfícies e volumes maiores, que podem conter produtos nanofarmacêuticos e nutracêuticos. Por outras palavras, o controlo da matéria no processo de fabrico de um material pode proporcionar novas formas de administração. Estas podem ser contempladas na conceção de hidrogéis, cápsulas, comprimidos e novas estratégias de aplicação baseadas no contacto com os tecidos, tais como pensos, dispositivos e chips.[(2)] Estas novas vias de administração podem ser encontradas concetualmente em algumas soluções farmacêuticas implícitas na conceção dos produtos actuais. Mas, a este respeito, há muitos avanços em novas tecnologias baseadas na ciência fundamental, onde o desenvolvimento nesta direção está a ter lugar com uma variedade de aplicações e interesses.

Além disso, as novas tecnologias incluem sistemas emissores de luz, muitos dos quais podem ser considerados como sistemas não clássicos de emissão de luz, como os lasers.[(3)] O controlo de partículas minúsculas é proposto por reacções químicas em dispersão coloidal, bem como por outras tecnologias secas através da modificação de superfícies e substratos. Estas Nano-, Microestruturas podem ter diferentes aplicações. Neste sentido, o presente trabalho de investigação desenvolveu o conceito de design com perspectivas para a preparação de novos nanofármacos, nutracêuticos e sistemas de libertação controlada de luz não clássica de forma semelhante.[4] as suas propriedades terapêuticas e assistência em vários procedimentos cirúrgicos.[5] Também para o desenvolvimento de diagnóstico precoce e aplicação de novos tratamentos médicos de alta precisão. Muitos destes conceitos estão atualmente em estudo ao nível da ciência fundamental, mas muitos deles transcendem o mercado e estão já incorporados em tecnologias e tratamentos a que a sociedade tem acesso sem o saber. Além disso, à escala nano, micro e micro, a libertação de luz não clássica pode ser gerada por diferentes razões.[6] Os nanoemissores com elevada intensidade luminosa podem marcar células e tecidos, bem como atuar como nanoplataformas onde podem ser detectadas moléculas de interesse biológico. Da mesma forma, estas minúsculas arquitecturas podem participar na geração de luz em novos sistemas como os LEDs (Light Emitting Devices).[7] Neste sentido, podem atuar como sistemas de entrega de luz para a iluminação de sistemas ópticos como microscópios, bem como irradiar células e tecidos para diversas aplicações relacionadas com a bioimagem e biodetecção. Assim, este compêndio de conhecimentos trata de todos estes tópicos numa abordagem multidisciplinar com ênfase na Química, Nanoquímica, Nano-ótica, Física, Fotofísica e Fotónica desenvolvida com perspectivas de Biofotónica e Nanomedicina.[(8)] É aí que, na mesma estrutura de dimensões reduzidas que pode assumir a forma de um pó, de dispersão coloidal, de um creme e de um penso, podem existir nano e microestruturas com funcionalidades de administração de medicamentos, nutracêuticos e também libertação de luz não clássica detectada por sistemas ópticos sofisticados de alta precisão, como microscópios, tomógrafos e scanners[((9)].

OBJECTIVOS

2. Objectivos

• O objetivo geral é desenvolver e tratar o tema do controlo da Nanoquímica para a geração de novas estruturas à nano e à microescala para conter e libertar medicamentos e nutracêuticos de uma forma melhorada em vários aspectos exigidos no domínio das Ciências da Vida.

• Além disso, e de forma semelhante, é analisada a necessidade de criar novos sistemas de libertação controlada da luz a partir de dimensões inferiores, como a nano e a microescala. Assim, a luz não clássica é apresentada de um ponto de vista molecular e como estimular fenómenos de luz em estruturas químicas confinadas.

• Por outro lado, depois de se ter gerado o conhecimento necessário para o controlo da nanoescala, analisam-se os diferentes desenvolvimentos centrados na funcionalização dos materiais para uma escala maior, como os dispositivos, os portáteis e os chips. Nestes podem estar contidos os diferentes desenvolvimentos nanotecnológicos confinados em volumes ou colocados em superfícies para conceber e criar propriedades físicas e químicas com funções específicas. As funções centram-se, em particular, nos três temas principais da administração de fármacos, nutracêuticos e luz não clássica.

• Propõe-se igualmente desenvolver a conceção e o fabrico de produtos nanofarmacêuticos. Estes possuem propriedades e vantagens específicas, muitas das quais estão a ser estudadas ao nível da ciência fundamental e apresentam perspectivas interessantes .

• Será estudada a necessidade de desenvolver novos sistemas para a libertação controlada de nutracêuticos, que podem ter uma grande variedade de objectivos. Neste sentido, o desenvolvimento de nanoneutraceuticos será estudado do ponto de vista da interação direta com as células alvo que necessitam de um nutriente específico.O desenvolvimento de nanoemissores baseados no controlo de fenómenos físicos equímicos está a evoluir para a libertação controlada de luz não clássica. conceito visa igualmente analisar o atual estado da arte do desenvolvimento a um nível fundamental, bem como a sua aplicação em novas tecnologias já existentes no mercado, como os LED e os lasers.

• Finalmente, é apresentada uma nanoarquitectura multifuncional baseada num coração ou núcleo de dimensões nanométricas de um material biocompatível ao qual são adicionados revestimentos poliméricos múltiplos. O conceito é descrito, analisado e discutido relativamente a propriedades que podem ser consideradas como nanoemissores, nanocondutores, nanofarmacêuticos e nutracêuticos. Neste contexto, são apresentados os resultados e avanços obtidos nos Laboratórios de Química e Ótica, destacando resultados recentes e perspectivas futuras.

• Em seguida, considera-se a conceção e o controlo dos materiais a uma escala maior, contemplando desde a micro-escala até à miniaturização de instrumentos e dispositivos funcionais. Neste contexto, a abordagem dos protótipos é analisada desde o conceito até à transferência efectiva da criação do material com as propriedades desejadas.

MATERIAIS E MÉTODOS

3.1 Materiais

Quanto aos materiais, podem ser classificados em três fontes principais: i) fontes bibliográficas, media e Rede Eletrónica; ii) fontes académicas baseadas em estadias de estudo, visitas, trabalho presencial, trabalho remoto, trabalho colaborativo e através de cursos e afiliações relacionadas. De referir ainda que este tratado tem sido desenvolvido no âmbito da ligação tecnológica, da Educação Científica e da Aprendizagem ao Longo da Vida, em várias disciplinas científicas e áreas transversais do conhecimento que se encontram em projectos de colaboração com diferentes Instituições Académicas Internacionais. (iii) materiais relacionados com reagentes qumicos para a conduo de reaes qumicas para a obteno de molculas, molculas modificadas e nanoestruturas[(10); iv] materiais relacionados com reagentes qumicos para a conduo de reaes qumicas para a obteno de molculas, molculas modificadas e nanoestruturas.

3.2 Métodos

A bibliografia foi devidamente compilada, organizada e resumida na maioria dos casos. Para a análise da literatura utilizada, foi efectuada uma leitura da literatura, extraindo a ideia principal sem dar ênfase a uma descrição extensa, mas antes extraindo o que estava relacionado com a comunicação pretendida na procura de cumprir o objetivo declarado. A descrição pormenorizada pode ser encontrada nas publicações originais, quando aplicável. Em termos de desenvolvimento experimental, foram utilizadas diferentes técnicas e métodos para o controlo da nanoquímica em dispersões coloidais.

A partir dos resultados experimentais, foram desenvolvidas várias adaptações e modificações de metodologias conhecidas e foram criadas novas metodologias, conforme adequado.

A síntese das nanopartículas metálicas foi efectuada por redução, como o método clássico de Turkevich[11]. A síntese de nanopartículas de prata foi efectuada de forma semelhante. Variando as quantidades de reagentes, foi possível obter nanopartículas com dimensões entre 10-200 nm

Além disso, para a obtenção de nanopartículas híbridas, estas nanopartículas foram revestidas com um polímero, sílica (-SiO_2-), e um revestimento polimérico biodegradável pelo método de Stöber;[12,] e emulsificação espontânea por difusão de solvente, respetivamente de acordo com a aplicação. Desta forma, as nanopartículas, além de serem estabilizadas em meio aquoso, podem ligar covalentemente grupos funcionais, fluoróforos, sistemas supramoleculares, proteínas, anticorpos, etc., através de reacções orgânicas.Os polímeros biodegradáveis são copolímeros formados a partir da combinação de pares de monómeros como os ácidos lático, gálico e málico, entre outros. A sua síntese consiste num método de emulsificação espontânea por difusão de solvente[13].

Os parâmetros mais importantes a ter em conta na síntese foram o emulsionante (PVA, peso molecular 20000) e a sua relação R= copolímero/emulsionante; e também a relação entre os solventes utilizados (Rs= H_20, Acetona, Etanol). Para a síntese das Nanopartículas Poliméricas Supramoleculares, de acordo com o projeto, foram adicionadas à nanoestrutura polimérica concentrações variáveis de ciclodextrinas e ciclodextrinas modificadas[14] por simples incorporação reticulada ou por formação de ligações covalentes[((15).]

RESULTADOS. DADOS E ANÁLISE

4.1 Conceção e síntese de nanopartículas, nanoplataformas e microdispositivos com aplicações em novas tecnologias.

Os medicamentos são amplamente utilizados em diferentes formulações e dosagens, consoante a doença. O desenvolvimento de nanoestruturas biodegradáveis em biomedicina veio resolver os problemas da utilização de fármacos microparticulados convencionais[16, 17]. A sua biodisponibilidade pode ser aumentada, permitindo melhorar a dosagem, prolongar o efeito terapêutico e reduzir as reacções adversas. A sua especificidade é aumentada através da incorporação de biomoléculas e anticorpos, o que permite também aumentar a concentração local do fármaco. Para além disso, podem ser acoplados tratamentos complementares para uma maior eficácia. A utilização destas nanopartículas permite uma maior solubilidade devido à sua maior relação área/volume e, por conseguinte, uma maior biodisponibilidade e uma menor toxicidade[18]. Estas nanoestruturas, com dimensões que variam entre 10-500 nm, ser obtidas através da utilização de várias estruturas químicas. A química supramolecular fornece estruturas diversas com a capacidade de formar complexos de inclusão hospedeiro-recetor e arranjos automontados baseados em interações não covalentes.[19] Por outro lado, a química de polímeros permite a obtenção de estruturas com propriedades diversas, dependendo dos seus monómeros constituintes. Da combinação de ambas as áreas da química, podem ser obtidos polímeros modificados com sistemas supramoleculares que possuem propriedades resultantes da combinação de cada um dos seus componentes. Além disso, os materiais orgânicos híbridos, na presença de nanopartículas inorgânicas, conferem-lhes propriedades metálicas, magnéticas, condutoras, plasmónicas, etc.[20] A partir destes materiais estão a surgir novos conceitos de design, tais como nanopartículas com núcleo metálico revestidas com espaçadores moleculares,[21] poliméricos,[22] contendo fármacos de interesse farmacêutico, aos quais se adicionam biomoléculas, anticorpos, etc., para lhes conferir especificidade[23].

Por outro lado, foram desenvolvidas nanopartículas formadas por lipossomas modificados, polímeros de cadeia curta, micelas e sistemas híbridos organizados compostos por metais com determinadas propriedades físicas e químicas que permitem a libertação de um fármaco com elevada eficiência e baixa toxicidade[24,25]. Por último, é importante referir que, para além das aplicações de libertação controlada, estas estruturas têm diversas aplicações, como a deteção de eventos biológicos, a deteção e o rastreio de células, o diagnóstico por imagem e novas terapias em nanomedicina, que oferecem grandes perspectivas de futuro no mercado farmacêutico[26].

4.2 Produtos nanofarmacêuticos e libertação controlada de fármacos.

Os nanofármacos estão relacionados com a incorporação de princípios activos a partir de moléculas com propriedades farmacêuticas confinadas à nanoescala, de forma a melhorar algum aspeto necessário na sua aplicação ou tratamento.[27] Os fármacos que são concebidos a nível molecular necessitam de proteção contra agentes externos no decurso da sua incorporação no organismo. Assim, é necessário criar estratégias para sua administração que incluam formulações com agentes protetores. Assim, as nanopartículas carregadas com fármacos podem ser propostas em muitos casos como veículos e sistemas de libertação controlada·[(28)]

Além disso, o controlo à nanoescala pode fornecer estruturas funcionais que actuam intrinsecamente como nanodrogas com um princípio ou sítio ativo[29], que provocam uma resposta desejada no organismo·Neste sentido, os sistemas coloidais existem amplamente no mercado farmacêutico através de formulações específicas, sendo a incorporação de nanopartículas uma tendência na próxima geração de medicamentos denominados nanodrogas·[(30)] Este conceito pode ser visto atualmente em progresso, oferecendo novos produtos com propriedades melhoradas e/ou novas soluções para os desafios actuais, como na área das nanovacinas. [31]

4.2.1 Nanopartículas poliméricas biodegradáveis

Existem várias nanopartículas sintetizadas com base em diferentes monómeros com diferentes propriedades, tais como o ácido gálico, o ácido lático, o ácido málico, etc.[32] Estas nanoestruturas permitem a incorporação de fármacos, quer por simples encapsulamento, quer através da modificação química de grupos funcionais orgânicos.[33] Os fármacos incorporados podem depois ser libertados de forma controlada com base nos tempos de hidrólise das suas ligações covalentes em função das condições do meio ou de estímulos externos que desencadeiem o processo. Estes processos fazem parte do desafio na conceção de materiais inteligentes.[34] Nesta área, o nosso laboratório sintetizou nanopartículas poliméricas, formadas por copolímeros de ácido lático e ácido málico, que possuem propriedades não tóxicas devido à incorporação de um monómero facilmente biodegradável pelo organismo.[35] As nanopartículas obtidas têm dimensões entre (200-300) nm (**Figura 1**), tendo sido incorporadas moléculas fluorescentes que permitiram realizar estudos de libertação controlada. Esta síntese de nanopartículas poliméricas biodegradáveis foi posteriormente utilizada para sintetizar materiais híbridos orgânico-inorgânicos.

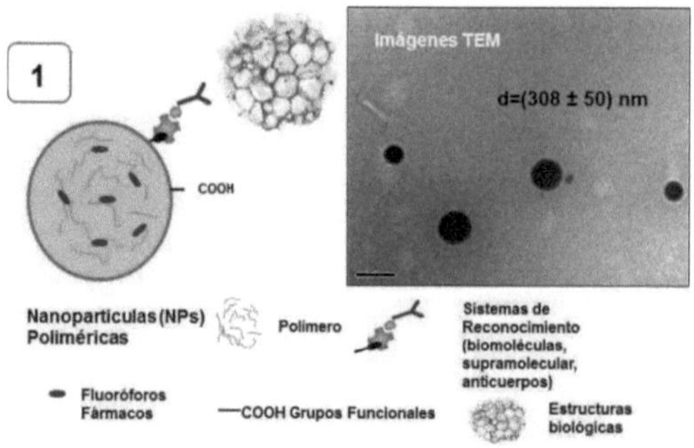

Esquema de nanopartículas biodegradáveis com incorporação de imagem de microscopia eletrónica de transmissão (TEM) de nanopartículas de ácido poliláctico e málico. Fotos obtidas na Universidade Laval, Quebec, Canadá. Reproduzido com permissão de A. G. Bracamonte et al. 2024.

4.2.2 Nanoassemblies, nanopartículas supramoleculares e sistemas organizados

As nanopartículas baseadas em interações supramoleculares têm apresentado um grande desenvolvimento nos últimos anos.[36] Os sistemas supramoleculares mais utilizados para a interação e formação de nanoagregados são os macrociclos. Estas estruturas são oligómeros cíclicos com uma forma cónica ou cilíndrica, que possuem uma nanocavidade que permite a incorporação de fármacos orgânicos,,, e outras espécies químicas[37]. Além disso, estas estruturas possuem uma versatilidade sintética que lhes permite serem modificadas quimicamente e incorporadas em cadeias poliméricas flexíveis, que formam através de interações não específicas nanoagregados. Desta forma, a incorporação de fármacos orgânicos pode ser conseguida através da formação de complexos de inclusão com os macrociclos ou através da incorporação na rede polimérica[38]. É importante referir que a primeira terapia baseada em nanoagregados de macrociclos aplicada em humanos para libertação dirigida de RNA (SiRN A) foi desenvolvida com ciclodextrinas auto-montadas.[39] Resultados preliminares obtidos no nosso laboratório utilizando nanopartículas biodegradáveis combinadas com ciclodextrinas modificadas covalentemente mostram a formação de nanopartículas entre (300-600) nm (**Figura 2**). As nanoestruturas acima mencionadas, quando modificadas com núcleos fluorescentes, têm aplicações na geração de nanoimagens para deteção e diagnóstico de estruturas biológicas e eventos biológicos; e propriedades de libertação controlada [40].

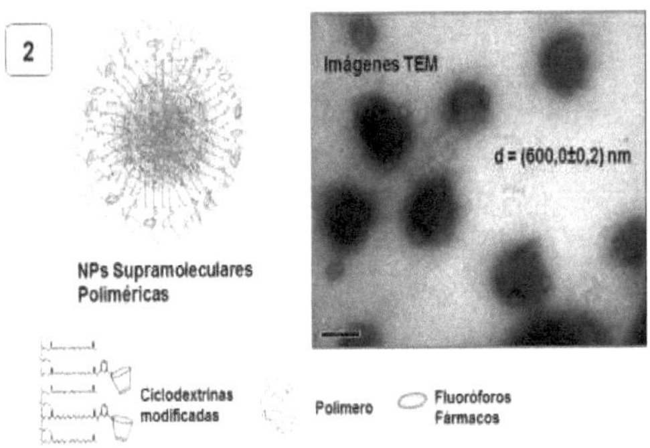

Figura 2. Esquema de nanopartículas biodegradáveis modificadas com sistemas de supramoléculas como as ciclodextrinas (CDs), os CDs são oligómeros cíclicos de alfa-d-glucose de dimensões variáveis. Incorporação de imagem de microscopia eletrónica de transmissão (TEM) de nanopartículas de ácido poligálico e málico. Fotos obtidas na Universidade Laval, Quebec, Canadá. Reproduzido com permissão de A. Guillermo Bracamonte et al. 2024.

Além disso, continuando o escalonamento das dimensões e das interações não covalentes, existem sistemas organizados, como todas as estruturas químicas em que as interações múltiplas formam novas arquitecturas de dimensões superiores. É o caso das auto-montagens com diferentes moléculas e polímeros que formam micelas, vesículas, origamis de ADN e ARN, agregados e nanopartículas lipídicas, entre outros. [41] A molécula de DNA, ácido desoxirribonucleico, é a molécula mais importante e essencial para o desenvolvimento da vida. Na sua sequência está contida toda a informação do ser vivo para o seu desenvolvimento. Possui uma estrutura química versátil que pode ser modificada e utilizada para a construção de nanoestruturas, que podem ser incorporadas em sistemas vivos com uma funcionalidade como dispositivos de memória, superfícies biocompatíveis, controlo luminescente, matrizes moleculares 3D com controlo preciso de comprimentos na ordem dos nanómetros; bem como para o estudo e desenvolvimento da Genómica, Biossensores, Bio-Imagem e diagnóstico, Microbioma, geração de bactérias e agentes patogénicos, Nanomedicina personalizada [42].

Neste tópico relacionado com as NanoBioEstruturas, podemos mencionar os conjuntos de ADN do tipo Origami, com os quais podem ser preparadas superfícies espacialmente controladas, gerando padrões 2D e 3D, conforme necessário.[43] Devido à sua estrutura, podem ser incorporados diferentes agentes intercalantes fluorescentes, bem como a localização de nanopartículas a diferentes distâncias, conforme necessário (**Figura 3**).[((44).]

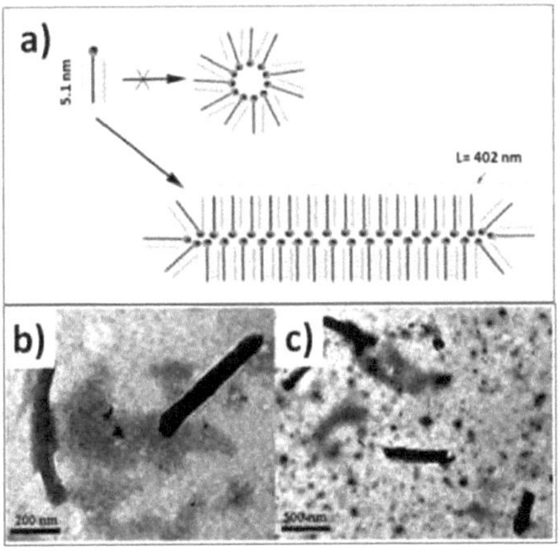

Figura 3. Esquema de estruturas tipo origami baseadas em interações complementares entre cadeias de ADN: a) modelo de agregado tubular; b) a partir de duplexes (cadeias duplas complementares); c) na presença de apenas 10% de cadeias de ADN hibridizadas. Reproduzido com autorização de Denis Boudreau et al. 2024.

Deste modo, metamateriais, dispositivos electrónicos, dispositivos de geração de memória baseados na transferência foto-eletrónica por controlo espacial de moléculas orgânicas foto-aceptoras e nanocompósitos semicondutores, nanomateriais aplicados à nanofotónica por fluorescência reforçada por metais (**MEF**)[45] , bem como com base nas suas propriedades semicondutoras, foram incorporados em OLEDs[((46).]

4.3 Produtos biofarmacêuticos e nutracêuticos

A biofarmácia pode ser considerada como uma área da farmácia que se desenvolve com base em bioprodutos, através da incorporação de produtos naturais, extractos, biomoléculas isoladas e fitoquímicos, entre outros, todos provenientes de fontes naturais.[47] Desta forma, pode conceber-se uma série de moléculas existentes na natureza que fazem parte dos blocos de construção das estruturas biológicas e que também participam no processo de fabrico destas estruturas. Assim, a ingestão de certos nutrientes pode assumir o carácter de fármacos se se pretender induzir um efeito anabólico saudável e natural no organismo. [48] Os biofármacos oferecem assim uma série de produtos, muitos dos quais são amplamente comercializados como produtos nutricionais e não são identificados como biofármacos, mas fazem parte de uma longa lista de produtos biológicos e/ou naturais. Neste contexto, outros tópicos em anexo podem ser mencionados e destacados, como os alimentos funcionais. Estes são criações de um alimento num formato macroscópico, real e palpável, que cumpre uma função específica. Talvez o conceito possa ser confuso, pois todos os alimentos têm uma função específica no nosso organismo, sendo fornecidos pela natureza através da sua evolução natural. Os alimentos funcionais, por outro lado, são criações sintéticas em que a matriz e a incorporação de nutrientes de diferentes origens são concebidas de forma a direcionar a sua função para uma necessidade específica pré-definida.[((49) Desta] forma, os alimentos funcionais podem cumprir papéis importantes, por exemplo, na proteção neuronal em diferentes fases da vida de acordo com a necessidade, ativação neuronal, nutrição neuronal, constituição neuronal e manutenção neuronal. Neste caso, os neurónios foram mencionados como células importantes que dirigem as acções, reacções e funções de todo o corpo humano, mas também podem ser aplicados a outras células e tecidos. É de vital importância manter o funcionamento normal de todas as células e órgãos do corpo humano, o que é feito em parte por uma nutrição equilibrada em macro e micronutrientes.[(50)] No entanto, os alimentos funcionais abordam precisamente as situações em que o equilíbrio é deslocado para um estado diferente do ótimo natural e/ou é necessário manter esse estado durante um determinado período de tempo.[51] Exemplos de tais situações podem ser situações da vida em que é necessário demonstrar uma resposta orgânica a uma determinada exigência, como eventos de alto desempenho. [52] Estas situações podem ir desde a conceção, gestação e crescimento de um novo ser no útero materno, até eventos desportivos de alto rendimento e extensão, conhecidos como eventos desportivos de ultra-desempenho.[53] Em ambos os exemplos, são necessárias quantidades específicas de nutrientes, vitaminas e minerais que estão fora da necessidade de um determinado nutriente, vitamina e mineral considerado normal.[54] E para o seu desenvolvimento, a resposta à demanda exigirá que o organismo desequilibre o equilíbrio no sentido de cumprir com o evento de crescimento do novo ser e/ou cruzar a meta desportiva.[55] É aí que os alimentos funcionais podem desempenhar papéis importantes para o desenvolvimento normal da vida sem maiores consequências após ter passado pela demanda nutricional. No entanto, é importante referir que não podem ser aplicados apenas em eventos extremos, podem também ser utilizados para garantir a ingestão controlada de nutrientes de acordo com as necessidades e evitar situações indesejáveis como carências e até eventos de fadiga crónica que podem facilmente ocorrer durante longos períodos de tempo.[56]

Assim, foi levantada a necessidade de uma nutrição baseada nas necessidades através de alimentos funcionais que podem ser manipulados como alimentos processados em diferentes formatos à escala macro. Mas este é precisamente o controlo da macro-escala através da adição de nutrientes conhecidos e dos efeitos associados. Esta mesma lógica transpõe-se para o domínio infinitamente pequeno, onde a micro e a nanoescala podem acrescentar diferentes estratégias de libertação de nutrientes, bem como mecanismos de interação com a matéria viva. [57] Ou seja, as moléculas interagem com o meio a partir de diferentes meios, quer dissolvidas no meio celular, quer depois de entrarem na corrente sanguínea. Este é simplesmente o conceito, que será desenvolvido nas próximas secções. E, neste contexto, é importante referir que a Ciência Fundamental está a elucidar mecanismos de ação de nutrientes, fármacos e agentes químicos que são genericamente reconhecidos como Nutracêuticos.[58]

A este nível, são as moléculas e as funcionalidades que dirigem a ação sobre os organismos. A sua incorporação é de importância vital, e é aqui que a nanoescala, através da conceção e síntese de nanomateriais de diferentes formas e tamanhos, desempenha atualmente um papel muito importante. Para se ter uma ideia da sua dimensão, a nanoescala pode ser comparada a uma parte infinitesimal da superfície celular, que pode cobrir, no máximo, considerando um organismo unicelular, apenas 10%.

Continuando com as perspectivas de melhorar e manter a saúde através do fornecimento de nutrientes e moléculas que contribuem num aspeto relacionado, é importante mencionar algumas das moléculas, e biomoléculas, entre outras; tais como moléculas monoméricas básicas envolvidas. Assim, são mencionados diferentes polímeros naturais conhecidos como aminoácidos, péptidos para formar proteínas, hidratos de carbono e poli-açúcares, nucleótidos para formar material genómico, ácidos gordos para formar conjuntos moleculares como membranas, etc. Estes blocos de construção são básicos e bem conhecidos, mas a sua grande variedade e as funções que lhes estão associadas devem ser realçadas. [59]

Além disso, podemos mencionar as vitaminas, os antioxidantes, os neurotransmissores, as pró-hormonas e as hormonas, as moléculas anabolizantes, os estimulantes, os neurotransmissores, as moléculas energizantes e as novas moléculas que previnem o envelhecimento e aumentam alguma atividade desejada. [60] Do mesmo modo, é importante mencionar as bioestruturas funcionais como a macrobiota, considerada como o conjunto de bactérias e microrganismos que se encontram principalmente no nosso sistema digestivo, mas também todos os que se encontram em todo o organismo e que intervêm em benefício do seu funcionamento global. Neste sentido, há muitos estudos em curso para a melhoria dos nutrientes e de novas moléculas envolvidas na melhoria do desempenho e das funções [(61)].

Neste contexto, o desenvolvimento de uma atividade física controlada deve também ser considerado como parte dos tratamentos futuros, para além da ingestão de nutracêuticos, devido aos seus efeitos benéficos para a saúde. Estes podem chegar ao nível da modificação das composições das membranas e do aparecimento de factores marcadores no sangue para a ativação da neurogénese e o desenvolvimento de processos cognitivos.[62] Assim, a enzima fosfolipase "glycosylphosphatidylinositol-specifiv phospholipase D1" foi descoberta no plasma como um fator importante na ativação da neurogénese e na estimulação. Além disso, a combinação de movimentos e novas terapias baseadas no desenvolvimento da biotecnologia manipulando componentes naturais, bioestruturas, biomoléculas, como bactérias benéficas para a saúde, nutrientes, e moléculas sintéticas biocompatíveis e assimiláveis.[63] E a partir da combinação entre eles a geração de novas formulações controlando composições em busca de efeitos ergogênicos e idealmente aumentados, efeitos anabólicos sem arriscar a saúde. Neste contexto, o estado anabólico é referido como uma situação em que se gera uma construção positiva de biomateriais no organismo, que estimula a atividade celular e orgânica aplicada em função das necessidades. [64] Por exemplo, a manipulação da macrobiota pode afetar o organismo desde o simples funcionamento orgânico até à participação nos diferentes mecanismos celulares envolvidos em actividades desportivas de alto rendimento.[65] Assim, as performances desportivas foram melhoradas e correlacionadas com o aumento de Bacteroides uniformis na macrobiota. [66] Além disso, a ingestão de certos anéis de poliaçúcares circulares de dimensões controladas designados por ciclodextrinas melhorou os desempenhos. É importante notar que este tipo de compostos, classificados como sistemas supramoleculares, já foram testados em sistemas de libertação controlada de aminoácidos e de proteínas no mercado do desporto aeróbio e anaeróbio.[(67)] Esta proposta baseia-se na capacidade de formar complexos hospedeiro-recetor, que protegem as moléculas incorporadas e as libertam em função da interação entre o complexo e o exterior. Se a interação for mais forte a nível molecular, a troca pode ocorrer. Assim, a ingestão de tais supramoléculas pode ter efeitos ergogénicos na captura de biomoléculas no intestino, na sua libertação subsequente e na sua ação. Trata-se de aplicações potenciais que podem ter interesse para o mercado. Os exemplos acima referidos envolvem moléculas e bioestruturas envolvidas em processos relacionados com a aplicação de um nutriente, nutracêutico ou medicamento; no entanto, podem ser aplicadas outras estruturas funcionais com dimensões intermédias, como a gama de comprimentos à nanoescala. [68] A curcumina é um produto químico produzido por uma planta chamada Curcuma longa da família do gengibre Zingiberaceae; é vendida como suplemento dietético, cosmético e agente aromatizante e corante alimentar (**Figura 4**).[69] As nanoarquitecturas mencionadas foram estudadas para a sua aplicação como novos produtos nanofarmacêuticos com perspectivas no tratamento de doenças infecciosas, bem como na indústria alimentar. Estas estruturas revelaram sobretudo propriedades físico-químicas melhoradas, tais como solubilidade, biodisponibilidade, diminuição da fotodegradação e aumento do metabolismo. Assim, a curcuma incorporada na sílica modifica as suas propriedades no processo de ingestão e metabolismo.

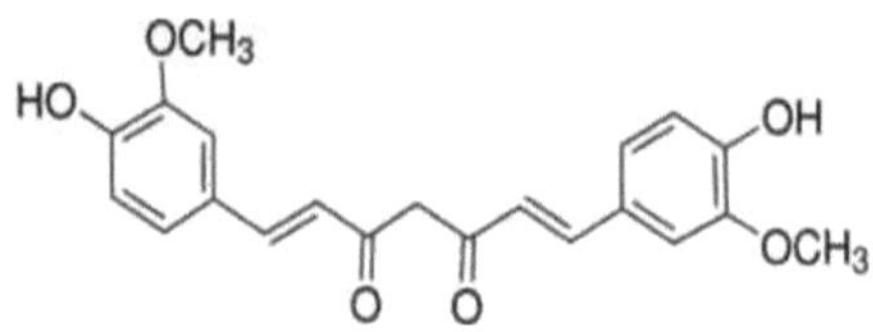

Figura 4. Estrutura química da Curcumina. Reproduzido com a permissão de M. A. Walters et al. 2024.

Por outras palavras, uma simples molécula orgânica com importantes propriedades físico-químicas e medicinais pode ser utilizada de forma optimizada para fins medicinais e nutricionais, modificando a sua estrutura através de um invólucro polimérico que a protege e a transporta para o local de ação. Estas menções são apenas explicativas para compreender o conceito de utilização, combinação de diferentes compostos com várias propriedades, a fim de modificar e melhorar as propriedades para a sua aplicação. A sílica é um polímero inorgânico altamente solúvel em meios aquosos e polares, relativamente não tóxico em condições controladas e com excelentes propriedades ópticas e semicondutoras que a tornaram bem sucedida noutras áreas da tecnologia, tais como dispositivos, chips, fotónica, quantum, semicondutores, etc., microeletrónica, circuitos e hard-wares, dispositivos electrónicos em eletrónica e computação. A sua utilização tornou-se comercialmente disponível nas principais empresas de reagentes químicos e de instrumentação (**Figura 5**); bem como os seus precursores para o desenvolvimento de novas estruturas funcionais que, se utilizadas, podem ser usadas no desenvolvimento de novos dispositivos e aparelhos. estão no domínio dos novos materiais e da ciência fundamental com perspectivas potenciais em diferentes áreas do conhecimento.

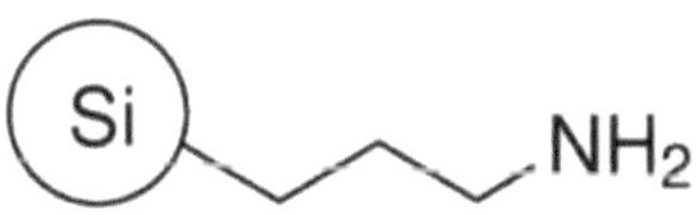

Figura 5. Esquema das nanopartículas de sílica oferecidas pela Sigma-Aldrich Company. Representa uma esfera com dimensões nanométricas na qual podem ser incorporadas várias quantidades de moléculas, tais como 10-1000 ou mais, dependendo das suas dimensões. Reproduzido com a permissão da Sigma-Aldrich 2024.

É necessário mencionar o conceito nutricional básico da importância da macrobiota e dos nutrientes que ingerimos. Para além disso, é importante realçar as diferentes opções nutricionais disponíveis nos diversos suplementos desportivos e nos produtos farmacêuticos, sendo que ambos devem ser regidos por rigorosos controlos de qualidade, tal como os produtos farmacêuticos. Assim, o domínio ou a área dos nutracêuticos que pretendemos mostrar e apresentar nesta breve secção é motivado pela discussão de exemplos como os acima referidos. Neste sentido, também depois de ter apresentado a nanoescala nas dimensões seguintes para moléculas nutricionalmente e medicamente activas, pode ser enfatizado mais na dimensão visível a microescala para o carregamento, proteção e libertação de nutrientes com desempenhos superiores aos da ingestão de nutrientes livres. Plataformas para a libertação de micronutrientes numa base de micropartículas [70] Esta estratégia foi apresentada como uma forma eficaz de atenuar as carências de micronutrientes. Estes encapsulavam 11 micronutrientes que demonstraram estabilidade às alterações de temperatura durante os processos de cozedura, ausência de oxidação e foram, assim, absorvidos pelo intestino de roedores de laboratório. Os dados dos ensaios clínicos demonstraram um aumento da carga e da libertação de ferro, uma melhor adsorção, uma maior biodisponibilidade, o que permitiu aumentar a administração desta formulação e também a produção. Assim, foi alcançado um rendimento da ordem dos kg; e a administração destes rendimentos gerou resultados semelhantes aos da síntese numa escala mais pequena. Da mesma forma, a conceção de novos alimentos utilizando outras estratégias baseadas na utilização de polímeros naturais como a gelatina, os açúcares e outros sintéticos biocompatíveis são fabricados em processos nos quais são aplicadas condições externas adicionais, como a alta pressão. Assim, as matrizes poliméricas são fundidas com nutrientes, bem como com outros ingredientes, no âmbito dos quais podem ser considerados novos nano, micro e nutracêuticos.[71] Esta tecnologia denominada "High Pressure Processing (HPP)" é da ordem dos 100-600 MPa; é aplicável à inativação de microrganismos, esporos e enzimas nos alimentos e aumenta o prazo de validade dos alimentos funcionais confinados. Desta forma, foi realizada uma revisão do assunto, a partir da qual foram apresentados os principais tópicos relacionados com os objectivos estabelecidos. O foco principal é o desenvolvimento de nutracêuticos, estudando os mecanismos de ação de moléculas ou formulações para afetar positivamente a nutrição com um interesse específico. [72] No entanto, foi também destacada a utilização de sistemas biológicos, como bactérias, enzimas e misturas com outros componentes para sinergizar as suas acções. Estas estratégias devem ser consideradas para incorporação em sistemas de carga e alimentos funcionais. Onde, desde o controlo a nível molecular, até à nano, micro, microescala e dimensões superiores, permite a conceção de novas formulações e alimentos funcionais. Neste sentido, se considerarmos outros tópicos relacionados com novas perspectivas, devemos pelo menos mencionar a biotecnologia, os biomateriais e a sua incorporação para a utilização de sistemas de contacto, assimiláveis, digeríveis e implantáveis.[73]

E, por último, talvez afastando-nos um pouco do tema central em debate, podemos mencionar a Biologia Sintética, a Nanomedicina e a manipulação genética para avançar de forma controlada pelo homem. Neste sentido, como sempre, abrem-se novas questões em relação a outros temas multidisciplinares que podem abranger a ética, a saúde, a sustentabilidade em direção a um futuro sustentável.[74]

4.4 Avanços nas nanoarquitecturas de carga do tipo core-shell ou core-type com multi-revestimentos funcionais para libertação não clássica de luz.

Existem vários métodos de síntese de nanopartículas metálicas, magnéticas, condutoras, etc., que são plataformas com propriedades intrínsecas a cada material que podem ser modificadas quimicamente. Tais modificações, como a adição de espaçadores moleculares, moléculas estabilizadoras, sistemas supramoleculares, revestimentos supramoleculares, revestimentos poliméricos, etc., podem conter fármacos para posterior libertação. Os materiais híbridos dão origem a novos nanomateriais inteligentes que possuem caraterísticas especiais, como o reconhecimento molecular ou celular, a deteção e o rastreio de nanopartículas[75], a libertação desencadeada por estímulos externos76 , a biocompatibilidade e a biodegradação.No que respeita à síntese de nanopartículas híbridas, foram sintetizadas nanopartículas de prata com núcleo revestido de sílica, modificadas com vários fluoróforos utilizando organosilanos modificados e bioconjugadas com cadeias de ADN de acordo com a aplicação78 . Além disso, foram sintetizadas nanopartículas com um núcleo metálico de ouro coberto por um revestimento polimérico biodegradável, ao qual foram adicionados fluoróforos por meio de ligações covalentes, que foram libertados em tempos variáveis da ordem das horas e dos dias, dependendo da composição polimérica (**Figura 6**) (Resultados preliminares apresentados no VI Congreso Iberoamericano de Ciencias Farmacéuticas. Simpósio de Tecnologia Farmacêutica (COIFFA) 2015. Síntese de Nanopartículas Fluorescentes com um Núcleo Metálico revestido com um Polímero Biodegradável aplicadas à libertação controlada de fármacos. Gontero, D.; Bracamonte, A. G.; Boudreau, D.; Veglia, A. Resumo Livro-SAFE 2015 ISSN 2250-4079. B- III-87 - 230)79.

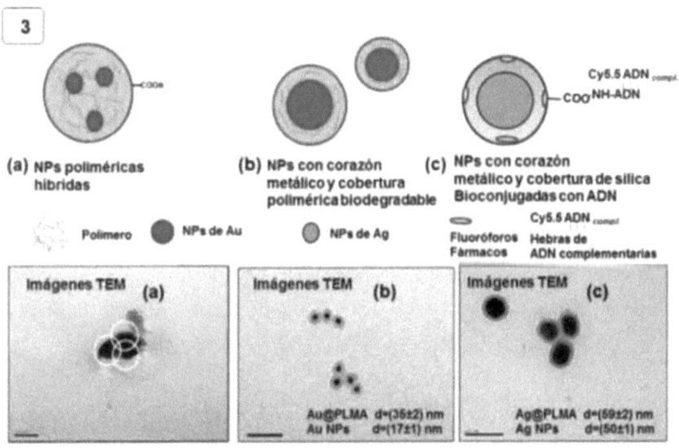

Figura 6. Nanoestruturas do tipo núcleo metálico com vários revestimentos poliméricos: a) incorporação de núcleos múltiplos ou moldes para formar nanopartículas híbridas; b) nanopartículas com núcleos metálicos e revestimentos poliméricos biodegradáveis; c) nanopartículas com núcleos metálicos conjugados com sílica fluorescente e cadeias de ADN. São apresentadas fotografias de Microscopia Eletrónica de Transmissão (TEM) para cada um dos tipos de nanopartículas. Fotos obtidas na Universidade Laval, Quebec, Canadá. Reproduzido com permissão de A. Guillermo Bracamonte et al. 2024.

Além disso, foi desenvolvida no nosso laboratório uma prova de conceito de um nanossistema multifuncional, que incorpora o reconhecimento molecular baseado em interações supramoleculares, a deteção baseada no efeito plasmónico, como a fluorescência reforçada por metal (MEF), o controlo do sinal de deteção luminescente por uma reação química baseada num interrutor e a libertação controlada de complexos hospedeiro-recetor (G. Bracamonte, D. Brouard, M. Lessard-Viger, D. Boudreau, A. Veglia, Microchem. J., 2016,128, 297). microscopia de fluorescência, conseguimos obter Nanoimagens de Nanoagregados na presença de concentrações de Rodamina B da ordem de nM, o que corresponde a 40-50 moléculas detetadas por Nanopartícula, com potenciais aplicações na deteção unimolecular. Atualmente estamos a trabalhar no desenvolvimento de Nanoestruturas Supramoleculares Ultraluminescentes aplicadas a diagnósticos de Nanoimagem e sistemas de libertação controlada com aplicações em Nanomedicina (Resultados preliminares apresentados no Virtual Molecular Diagnostics Symposium 2016. Evento virtual. Labroots, ACS, Fluorescent biodegradable core-shell Nanoparticles applied as platforms for molecular diagnosis by Nanoimaging and drug delivery applications. Gontero, D.; Bracamonte, G.; Boudreau, D.; Veglia, A.)[80].

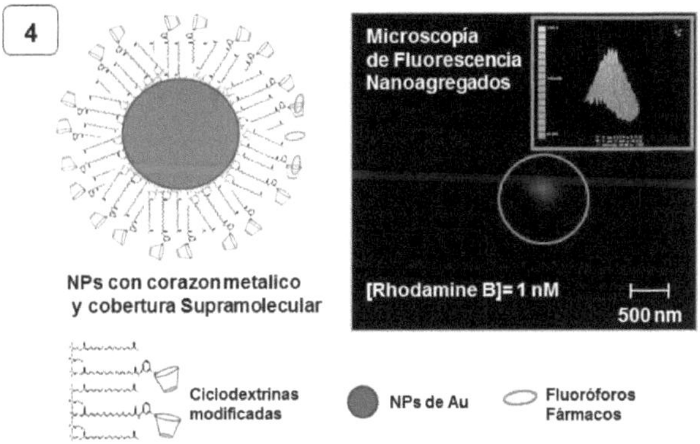

Figura 7. Nanoestruturas metálicas do tipo coração modificadas com cadeias poliméricas de polietilenoglicol (PEG) ligadas covalentemente a sistemas supramoleculares, como as ciclodextrinas (CDs). Reproduzido com permissões de A. Guillermo Bracamonte et al. 2016.

5. Conclusões e perspectivas futuras

O desenvolvimento a partir da escala molecular com base no estado atual dos conhecimentos nas áreas focadas neste tratado pode ser considerado para utilização na engenharia e conceção de novos materiais funcionais para proteção e libertação controlada. No entanto, a abordagem de diferentes aplicações produz novas situações que não podem ser previstas e contribuem para a ciência fundamental. Este simples facto demonstra o tempo necessário para a transferência do conceito para a aplicação desejada. Além disso, a modificação de moléculas pode também dar novos contributos para as diferentes disciplinas de interesse apresentadas. Neste sentido, destaca-se a necessidade de aplicar algo conhecido, bem como a sua modificação com base numa previsão ou hipótese quanto às suas propriedades e efeitos novos ou potenciais. Do mesmo modo, no desenvolvimento de materiais hierárquicos a partir dos quais se constroem propriedades baseadas na incorporação de átomos em moléculas e estruturas de maiores dimensões. Com estas menções gerais do ponto de vista dos materiais e da sua composição procuramos refletir sobre a forma como diferentes escalas podem ser reunidas para ter impacto nas Macro- e Bio-estruturas do ponto de vista das Ciências da Vida.Neste sentido, as moléculas com atividade farmacêutica tornam-se importantes de vários pontos de vista como no desenho e síntese de novas moléculas e derivados de produtos naturais. Da mesma forma, os Nutracêuticos, enquanto moléculas com atividade nutricional necessárias para: i) a constituição do corpo, ii) a participação em processos vitais do organismo, iii) a prevenção de doenças, e iv) a resolução de deficiências nutricionais, v) prevenir possíveis problemas de saúde futuros. Assim, a libertação controlada durante períodos de tempo variáveis é de grande interesse e impacto. Neste sentido, as nanoestruturas podem ser contentores para produtos nutracêuticos que estão protegidos de potenciais modificações químicas durante o transporte. Além disso, o acondicionamento à microescala dá início ao aumento de escala e à possível conceção de alimentos funcionais para fornecer nutrientes conforme necessário. Neste contexto, tem sido destacada a utilização de compostos naturais para uma completa biocompatibilidade e assimilação. No entanto, é importante destacar os desafios relacionados com a aceitação de novas formulações por parte do organismo. A ingestão de novas concentrações de produtos nutricionais altera o funcionamento normal do organismo. Por isso, qualquer produto concentrado que se afaste das condições encontradas na natureza, de certa forma, não respeita as leis naturais no processo de evolução; mas isso não significa que se deva evitar o consumo de concentrações ou composições modificadas em relação às naturais, desde que superem certas incompatibilidades básicas, como uma certa incompatibilidade gástrica. Embora estas menções sejam básicas, têm como objetivo sublinhar que, embora se tente incorporar um nutriente ou um produto nutracêutico, a resposta do organismo é sempre inteligente. É por isso que a conceção e a estratégia da sua incorporação devem ser as mesmas. Por outras palavras, trata-se de um desafio aberto à investigação e ao desenvolvimento, em que certos efeitos podem ser concebidos e previstos, mas o resultado real deve ser avaliado e validado. Por outro lado, no que diz respeito à libertação controlada de luz a partir da nanoescala, é importante destacar a conceção e o fabrico de novos materiais com propriedades melhoradas ou aperfeiçoadas com base em diferentes fenómenos físicos e químicos. Assim, a síntese de novos materiais híbridos aplicados à recolha, transferência de energia aplicada à transmissão de sinais, encriptação de informação, aumento da eficiência fotónica, sensores ultra-sensíveis, micro-chips, geração de luz não clássica com aplicações na resolução de imagens, e até o desenvolvimento de armazenamento de energia em maior escala para a sua utilização é muito importante em diferentes áreas das Ciências da Vida. Por esta razão, o estudo dos fenómenos de transferência de energia a curtas distâncias é muito importante. Isto implica o estudo físico-químico de moléculas orgânicas individuais, interações intermoleculares, moléculas que fazem parte de superestruturas, sistemas organizados, nanoestruturas, metamateriais, etc. Além disso, o estudo dos fenómenos físicos e químicos quânticos fornece conhecimentos a nível eletrónico que são de interesse para explicar as propriedades dos materiais, fazer previsões e desenvolver aplicações. É por isso que o trabalho sinérgico e multidisciplinar é de importância vital, razão pela qual estamos a realizar trabalhos de investigação e desenvolvimento em diferentes tópicos envolvendo processos luminescentes, transferência luminescente ultra-rápida, Fluorescência Melhorada por Metal (MEF), Fluorescência Melhorada por Metal (MEF), Reacções de Transferência de Electrões (ETR) e Fluorescência Melhorada por Metais (MEF), Reacções de Transferência de Electrões de Förster (FRET), Quimioluminescência, Eletroluminescência e interações de campos electromagnéticos de alta energia no campo próximo de Nanoestruturas com moléculas orgânicas, sistemas supramoleculares, sistemas organizados, entre outros.

AGRADECIMENTOS

Nesta secção, agradece-se especialmente a todas as Bolsas concedidas para o desenvolvimento de Actividades de Investigação, Desenvolvimento e Ligação Tecnológica nas diferentes áreas abordadas neste artigo. Assim, é importante mencionar o CONICET, Consejo Nacional de Investigaciones Científicas y Técnicas (Conselho Nacional de Investigações Científicas e Técnicas da Argentina), a ANPCyT, Agencia Nacional de Promoción Científica y Tecnológica (Agência Nacional de Promoção Científica e Tecnológica da Argentina); e especialmente a SECyT (Secretaria de Ciência e Tecnologia da Universidade Nacional de Córdoba, UNC, Argentina) pela concessão da Bolsa para Jovens Investigadores ao autor A. G. B. do INFIQC, FCQ, UNC, Argentina. Agradece-se ao Prof. Denis Boudreau do "Département de chimie e Centre d'optique, photonique et laser (COPL), Québec, Canadá, pela sua contribuição e trabalho de colaboração em curso, bem como pelo seu apoio nos pedidos de subvenção em curso. Agradece-se também à Professora Valeria Ame do "Centro de Investigaciones en Bioquímica Clínica e Inmunología (CIBICI), Departamento de Bioquímica Clínica, Facultad de Ciencias, Químicas, UNC", Argentina, pela sua colaboração em projectos relacionados. Agradecimentos especiais vão também para a Professora Daniela Quinteros do Departamento de Ciências Farmacêuticas, Faculdade de Ciências Químicas, UNC, juntamente com o seu grupo de trabalho composto pela aluna de doutoramento Sofia

Martinez e pela Dra. Cecilia Tettamanti, pelo trabalho de colaboração relacionado com a Bioconjugação de Nanopartículas.De igual modo, são devidos agradecimentos ao Professor Burkhardt Koenig do Departamento de Química Orgânica da Universidade de Regensburg, Baviera, Alemanha, pela possibilidade de uma visita e missão de trabalho ao seu laboratório em 2013, bem como a continuação do seu contacto até ao presente. Para além disso, são devidos agradecimentos à Professora Cornelia BohneUniversity of Victoria, British Columbia, Canadá, pela oportunidade de experiência de Pós-Doutoramento relacionada com o Desenho, Síntese e Dinâmica de Sistemas Supramoleculares. Assim como pelo trabalho realizado durante esta estadia com o Setor Industrial Petroquímico "Oil Alberta", Alberta, Canadá. Agradecimentos semelhantes são devidos à Professora Nita Sahai no seu laboratório no Departamento de Ciência de Polímeros, Centro de Investigação de Polímeros Good Year e Instituto de Astrobiologia da NASA, Universidade de Akron, Ohio, EUA em 2013-2014. De igual modo, agradecemos ao Prof. Ahmed E. Shalan do "BCMaterials, Basque Center for Materials, Applications and Nanostructures, também associado ao Central Metallurgical Research and Development Institute (CMRDI)", Egito, pela sua participação, juntamente com a sua aluna Esraa S. A. Serea, em artigos recentemente publicados no âmbito de um trabalho de colaboração. Além disso, um agradecimento especial ao Prof. e Investigador E. Garcia - Quismondo da Unidade de Processos Electroquímicos, IMDEA Energy, Mostoles, Madrid, Espanha. Finalmente, um agradecimento especial à Comissão de Educação "Des Decouvertes", Quebec; e ao "British Columbia Education system", BC, Canadá, pelas suas contribuições na Educação Internacional e Multiculturalismo. E, neste contexto, à participação do Sistema Educativo Argentino nas diferentes etapas envolvidas nestas actividades. Finalmente, agradecemos a todos a recente iniciativa de investigação e desenvolvimento de base tecnológica "Entrepreneurship-Start-Up: Bio-highlighting solutions" fundado pelo autor A. G. B. et al., desde o seu início com o Prémio Desafio de Ideias 2010, Entrepreneuriat.

ULaval-UniversidadeLaval, Universidade de Laval, Quebeque, Canadá.

(https://www.eul.ulaval.ca/).

BIBLIOGRAFIA

1 S. Bhattacharya, K. M. Alkharf , R. Janardhanan,D. Mukhopadhyay, Nanomedicina: perspectivas farmacológicas, Nanotechnol Rev, 1 (2012) 235-253

2 C. M. Hussain, Editor-chefe, Handbook of Functionalized Nanomaterials for Industrial Applications. Um volume em Micro e Nano Tecnologias , 2020Copyright © 2020 Elsevier Inc. 1-520. ISBN 978-0-12-821381-0

3 A. Guillermo Bracamonte*, Luna R. Gomez Palacios, Livro intitulado: "Functional Nano-Biostructures. Estudo das propriedades dinâmicas e luminescentes baseadas em MEF com perspectivas em microdispositivos e bio-lasers", Editorial Académica Española: OmniScriptum GmbH & Co. KG, Heinrich-Böcking-Str. 6- 8, 66121, Saarbrücken (Alemanha). Diretores: Marta Lusena e Dr. Wolfgang Philipp Müller. ISBN 9786202102360. (2023) 1-76. https://www.eae- publishing.com/

4 M. Rioux, D. Gontero, A. V. Veglia, A. Guillermo Bracamonte *, D. Boudreau *, Síntese de nanopartículas de casca de núcleo de ouro ultraluminiscentes como plataformas de nanoimagem para aplicações de biossensores baseadas em fluorescência aprimorada por metal, RSC Adv., 7 (2017) 10252-10258.

5 C. Wang et al., Advanced Nanotechnology Leading the Way to Multimodal Imaging-Guided Precision Surgical Therapy, 31, 49, 6 (2019) 190432.

6 Michael A. Pinkert, Lonie R. Salkowski, Patricia J. Keely, Timothy J. Hall, Walter F. Block, Kevin W. Eliceiri, Review of quantitative multiscale imaging of breast cancer, J. Med. Imag. 5, 1, 010901 (2018) 1-20.

7 Daniel Volz, , Revisão dos díodos orgânicos emissores de luz com emissores de fluorescência retardada activados termicamente para fontes de luz e ecrãs sustentáveis e eficientes em termos energéticos, J. Photon. Energy,6, 2, 020901 (2016) 1-13.

8 A.Guillermo Bracamonte, Livro intitulado: "Frontiers in Nano- and Micro-device Design for Applied Nanophotonics, Biophotonics and Nanomedicine", Capítulos 1-15, Livro de autoria, Bentham Science Publishers, ISBN: 978-1-68108-857-0 (Print); 978-1-68108-856-3 (Online)© 2021, Bentham Science Publishers (UAE) (2021) 1-200.
https://benthambooks.com/book/9781681088563/
DOI:10.2174/97816810885631210101

9 L. R. Gomez Palacios, A. G. Bracamonte*, Desenvolvimento de nanodispositivos e microdispositivos para a próxima geração de biotecnologia, vestíveis e instrumentação miniaturizada, RSC Adv., 12 (2022) 12806-12822

10 T. Pradeep, NANO. The Essentials. Understanding nanoscience and nanotechnology, Mc Graw Hill, 2007.

11 Kimling J., Maier M., Okenve B., Kotaidis V., Ballot H., Pletch A. Turkevich method for gold nanoparticle synthesis revisited. J. Phys. Chem. B (2006) 110: 15700-15707.

12 C. Graf,D. L. J. Vossen, A. Imhof, A. van Blaaderen, A General Method to Coat Colloidal Particles with Silica, Langmuir 19 (2003) 6693-6700.

13 Murakami H. et al. Preparação de nanopartículas de poli(dl-lactida-co-glicolida) através do método de difusão de solventes por emulsificação espontânea modificada. Int. J. of Pharm. (1999) 187:143-152.

14 A. G. Bracamonte, G. Miñambres, N. Pacioni, D. Boudreau, A. V. Veglia, Supramolecular Systems applied to the synthesis of new Nanostructures, por INFIQC, Departamento de Química Orgânica, Faculdade de Ciências Químicas, Universidade Nacional de Córdoba. Ciudad Universitaria, 5000 Córdoba, Argentina, e Departement de chimie e Centre d'optique, photonique et laser (COPL), Université Laval, Québec (QC), Canadá, G1V 0A6. Diário de bordo digital Journal. Novos Materiais, Vol. 2, 6ª Ed., Faculdade de Química. Sc. (UNC), (2015) ISNN: 2344-9144.
https://revistas.unc.edu.ar/index.php/Bitacora/issue/archive

15 C. N. R. Rao, A. Müller, A. K. Cheetham, The Chemistry of Nanomaterials, WILEY-VCH Verlag GmbH & Co. KGaA, 2004.

16 Goldberg M, Langer R, Jia X. Nanostructured materials for applications in drug delivery and tissue engineering. J Biomat Sci. (2007) 18:241-68.

17 Panyan J, Labhasetwar V. Biodegradable nanoparticles for drug and gene delivery to cells and tissue. Adv Drug Deliv Rev (2003) 55:329-347.

18 Moddaresi M, Brown MB, Zhao Y, Tamburic S, Jones SA. The role of vehicle nanoparticle interactions in topical drug delivery. Intern J Pharmac.

(2010) 400 (1-2):176-182.

19 Bracamonte A. Guillermo, Veglia Alicia V. Nanocavidades de ciclodextrinas efeitos na extinção de fluorescência básica e ácida de hidroxi-indóis. Journal of Photochemistry and Photobiology A: Chemistry (2013) 261:20- 25.

20 M. R. Begley , D. S. Gianola , T. R. Ray, Bridging functional nanocomposites to robust macroscale devices, Science, 364, 6447, eaav4299 (2019) 1-10.

21 A. Guillermo Bracamonte*, D. Brouard, M. Lessard-Viger, D. Boudreau*, A.V. Veglia, Nano-supramolecular complex synthesis: switch on/off enhanced fluorescence control and molecular release using a simple chemistry reaction, Microchemical Journal, 128 (2016) 297-304.

22 A. Guillermo Bracamonte*, Gold nanoparticles chemical surface modifications as versatile Nanoplatform strategy for fundamental Research towards Nanotechnology and further applications, Nanoscience and Nanotechnology: Acesso aberto; MedDocs Publishers LLC, 1, 1, 1, 1004. (2022) 1-6.

23 Luna R. Gomez Palacios, Sofia Martinez, Cecilia Tettamanti, Daniela Quinteros, A. Guillermo Bracamonte*, Nanoquímica e bioconjugação com perspetivas na conceção de plataformas nano-imunes, vacinas e novos tratamentos combinatórios, J Vaccines Immunol, PeerTechz Editorial; 7, 1 (2021) 049-056

24 Alexis F., Pridgen E.M., Langer R., Farokhzad O.C., Nanoparticle

technologies for cancer therapy, Handb. Exp. Pharmacol. (2010) 1:55-86.

25 Nie S., Xing Y., Kim G.J., Simons J.W., Nanotechnology applications in cancer, Annu. Rev. Biomed. Eng. (2007) 9:257-288.

26 Ayelen Inda, Sofia Mickaela Martinez, Cecilia Tettamanti, Carolina Bessone, Daniela Quinteros, A. Guillermo Bracamonte, Capítulo 7 do livro intitulado: "Nano- engineering Multifunctional Organized Systems highlighting Hybrid micelles, vesicles and Lipidic aggregates towards higher sized structures for theranostics perspectives", a ser incorporado no livro de referência da Elsevier Science and Technology sobre "Theranostics nanomaterials in drug delivery, Editado pelo Prof. Prashant Kesharwani (Índia, Reino Unido), e Timothy Bennet, Ed. Prashant Kesharwani (Índia, Reino Unido), e Timothy Bennet, Ed. Gestor de Projeto de Ciências da Vida Elsevier, ISBN: 978-0-443-22044-9, Elsevier (Países Baixos), Publicado em linha até 16 de outubro de 2024 (2025) 111-132. DOI: https://doi.org/10.1016/B978-0-443-22044-9.00020-6 © 2025 Elsevier Inc.USA.

27 S. Bhattacharya, K. M. Alkharfy, R. Janardhanan, D. Mukhopadhyay, Nanomedicina: perspectivas farmacológicas, Nanotechnol Rev, de Walter de Gruyter, Berlim, Boston 1 (2012): 235-253.

28 Y. Pathak, D. Thassau, Editores, Drug Delivery Nanoparticles, formulations and characterization. Drugs and the Pharmaceutical Sciences, Vol. 191, Inform Health Care, Nova Iorque (2009). ISBN-13: 978-1-4200-7804-6 (capa dura: papel alcalino) ISBN-10: 1-4200-7804-6 (capa dura: papel alcalino)

29 V. Mercadante, E. Scarpa, V. De Matteis, L. Rizzello, A. Poma , Engineering Polymeric Nanosystems against Oral Diseases, Molecules, 26, 2229 (2021) 1-35.
30 C. Tomuleasa, C. Braicu, A. Irimie, L. Craciun, Ioana B.-Neagoe Nanopharmacology in translational hematology and oncology, International Journal of Nanomedicine, 9 (2014) 3465-3479.
31 Q. Ni et al., Uma nanovacina bi-adjuvante que potencia a imunogenicidade do neoantigénio para a imunoterapia combinada do cancro colorrectal, Sci. Adv. 6 : eaaw6071 (2020) 1-12.
32 A. Kumari, S. Kumar Yadav, S. C. Yadav, Biodegradable polymeric nanoparticles based drug delivery systems, Colloids and Surfaces B: Biointerfaces 75 (2010) 1-18.
33 G. Li, M. Zhao ,F. Xu, B. Yang, X. Li, X. Meng, L. Teng , F. Sun, Y. Li, Molecules, 25, 5023 (2020) 1-18,.
34 J. Ding, Y. Li, Editores, Smart Functional Polymers, Molecules, MDPI (2022) 1-308. ISBN 978-3-03921-590-4 (Pbk)35
36 Daniela Gontero, Mathieu Lessard-Viger, Danny Brouard, A. Guillermo Bracamonte, Denis Boudreau, Alicia V. Veglia, Smart Multifunctional Nanoparticles design as Sensors and Drug delivery systems based on Supramolecular chemistry, Microchemical Journal, 130 (2017) 316-328.
37 N. L. Pacioni, A. G. Bracamonte, A. V. Veglia, Efeitos comparativos de nanocavidades de ciclodextrina versus solventes orgânicos na fluorescência de

compostos de indol e carbamato, J. Photochem. Photobiol. A: Chem. 198 (2008) 179-185.

38 Y. Jiang, Y. Liang, H. Zhang,W. Zhang, S. Tu, Preparação e biocompatibilidade de copolímeros funcionais de □-ciclodextrina enxertados da superfície de filmes PET, Ciência e Engenharia de Materiais C 41 (2014) 1-7.

39 Davis M. E., Zuckerman J. E., Choi C. H. J. Evidence of RNAi in humans from systemically administered siRNA via targeted nanoparticles. Nature (2010) 464 :1067-1071.

40 M. Friederike Schulte, Steffen Bochenek, Monia Brugnoni, Andrea Scotti, AhmedMourran,Walter Richtering, Tomografia de rigidez de Ultra-Soft Nanogels by Atomic Force Microscopy, Angew. Chem. Int. Ed., 59 (2020) 2-9.

41 Eleonora Trovato, Valentina Di Felice, Rosario Barone, Extracellular Vesicles: Veículos de entrega de mioquinas, Fronteiras em Fisiologia, 10, 522 (2019) 1-13.

42 X. Tian, S. Angioletti-Uberti, G. Battaglia, On the design of precision nanomedicines, Sci. Adv.;6: eaat0919 (2020) 1-11.

43 Y. C. Hung , D. M. Bauer , I. Ahmed, L. Fruk , DNA de fontes naturais na conceção de dispositivos funcionais, Methods, 67, 2, (2014) 105-115.

44 Kim Dore, R. Neagu-Plesu, Mario Leclerc, Denis Boudreau, Anna M. Ritcey,, Characterization of Superlighting Polymer-DNA Aggregates: A Fluorescence and Light Scattering Study, Langmuir 2007, 23, 258-264.

45 J. Asselin, M. L.Viger, D. Boudreau, Revisão: Artigo Fluorescência

reforçada por metal e FRET em nanopartículas de casca de núcleo multicamada, Avanços em Química, Hindawi Publishing Corporation, 812313, (2014) 1-16.

46 M. Lunza, D. de Boera, G. Lozano, S. R K Rodriguez, J. Gomez Rivas, M. A Verschuurena, Dispositivo LED Plasmónico, Proc. da SPIE, 9127, 91270N (2014) 1-6.

47 G. Walsh, Biopharmaceutical benchmarks, Nature Biotechnology, 18 (2000). 831-833.

48 Vivek Puri et al., A Comprehensive Review on Nutraceuticals: Therapy Support and Formulation Challenges, Nutrients, 14 (2022) 4637.

49 N. J. Temple, A rational definition for functional foods: A perspective, Front. Nutr., Sec. Metodologia da Nutrição, 9 (2022)

50 R. Doggui,; H. Al-Jawaldeh,; J. El Ati,; R. Barham, L. Nasreddine; N. Alqaoud,; H. Aguenaou, L. El Ammari, J. Jabbour, A. Al-Jawaldch, Meta-Analysis and Systematic Review of Micro- and Macro-Nutrient Intakes and Trajectories of Macro-Nutrient Supply in the Eastern Mediterranean Region. Nutrientes, 13, 1515. H (2021) 1-19.

51 Clare M. Hasler, Functional Foods: Benefits, Concerns and Challenges-A Position Paper from the American Council on Science and Health, American Society for Nutritional Sciences, 0022-3166/02 (2002) 372-381.

52 C. Thurber, L. R. Dugas, C. Ocobock, B. Carlson, J. R. Speakman, H. Pontzer, Eventos extremos revelam um limite alimentar no gasto energético humano máximo sustentado, Sci. Adv. 2019;5: eaaw0341(2019) 1-8.

53 K. A. Hammond, M. Konarzewski, R. M. Torres, J. Diamond, Metabolic ceilings under a combination of peak energy demands. Physiol. Zool. 67, 1479-1506 (1994) 1-10.

54 G. Siuzdak, Metabolic adaptation to calorie restriction (Adaptação metabólica à restrição calórica), Sci Signal. 8;13, 648:eabb2490 (2020) 1-10.

55 K. L Beck, J. S Thomson, R. J Swift, P. R von Hurst , Role of nutrition in performance enhancement and postexercise recovery, Open Access J Sports Med, 11, 6 (2015) 259-267.

56 Maria Ester la Torre et al., The Potential Role of Nutrition in Overtraining. Syndrome: A Narrative Review, Nutrients, 15, 23:4916 (2023) 1-18.

57 1ª Edição, Handbook of Nanotechnology in Nutraceuticals, Editado por S. Ahmed, T. Bhattacharya, Annu, A. Ali, Taylor-Francis Goupe, Routeledge, CRC Press (2024) 1-484. ISBN 9781032155678

58 M. Bernela, P. Kaur, M. Ahuja, R. Thakur, Nano-based Delivery System for Nutraceuticals: The Potential Future. In: Gahlawat, S., Duhan, J., Salar, R., Siwach, P., Kumar, S., Kaur, P. (eds) Advances in Animal Biotechnology and its Applications. Springer, Singapore. https://doi.org/10.1007/978-981-10-4702-2_7

59 A. E, Khalil, Mainardes RM, Nanopartículas de albumina de soro bovino contendo quercetina: caraterização e atividade antioxidante. J Nanosci Nanotechnol, 16 (2016) 1346-1353

60 T. N. Ziegenfuss, J. M. Berardi, L. M. Lowery, J. Antonio, Effects of Prohormone Supplementation in Humans: A Review, Canadian Journal of

Applied Physiology, 27, 6 (2002) 1-10.

61 P.A. Vlaicu, A.E. Untea, I. Varzaru, M. Saracila, A. G. Oancea, Designing Nutrition for Health- Incorporating Dietary By-Products into Poultry Feeds to Create Functional Foods with Insights into Health Benefits, Risks, Bioactive Compounds, Food Component Functionality and Safety Regulations. Foods 12, 4001. H (2023) 1-36.

62 A. M. Horowitz , X. Fan , G. Bieri , L. K. Smith , I. Sanchez-Diaz , A. B. Schroer , G. Gontier , K. B. Casaletto , J. H. Kramer , Katherine E. Williams , S. A. Villeda, Fatores sanguíneos transferem efeitos benéficos do exercício na neurogénese e cognição para o cérebro envelhecido, Scienceebl (2020) 144-149.

63 N. Hadadi, V. Berweiler, H. Wang, M. Trajkovski, Intestinal microbiota as a route for micronutrient bioavailability, Current Opinion in Endocrine and Metabolic Research, 20, 100285 (2021) 1-23.

64 J. Trommele, The anabolic response to protein ingestion during recovery from exercise has no upper limit in magnitude and duration in vivo in humans, Cell Reports Medicine,4, 101324, 19 (2023) 1-22.

65 S. Moochhala et al., Intestinal Microbiota Interventions to Enhance Athletic Performance-A Review, Int. J. Mol. Sci. 25, 18 (2024) 1-20.

66 H. Morita, C. Kano, C. Ishii, N. Kagata, T. Ishikawa, A. Hirayama, Y. Uchiyama, S. Hara, T. Nakamura, S. Fukuda, Bacteroides uniformis e o seu substrato preferido, a-ciclodextrina, melhoram o desempenho do exercício de resistência em ratos e homens humanos, Sci. Adv. 9, eadd2120 (2023)1-17.

67 P.Bucur, I. Fülöp, E, Sipos, E., Insulin Complexation with Cyclodextrins-A Molecular, Modeling Approach. Molecules, 27, 465 (2022)1-20.

68 S. Maleki Dizaj, S. Sharifi, F. Tavakoli, Y. Hussain , H. Forouhandeh, S. Mahdi Hosseiniyan Khatibi , M. Y. Memar , M. Yekani, H. Khan, K. Wen Goh, L. Chiau Ming, Curcumin-Loaded Silica Nanoparticles: Aplicações em doenças infecciosas e na indústria alimentar, Nanomaterials, 12 (2022) 2848 1-16

69 KM Nelson, JL Dahlin, J Bisson, J Graham, GF Pauli, MA Walters, A Química Medicinal Essencial da Curcumina, Journal of Medicinal Chemistry. 60, 5 (2017) 1620-1637

70 A.C. Anselmo et al., A. Jaklenec, Uma plataforma de micropartículas estável ao calor para entrega oral de micronutrientes, Science Translational Medicine, 11, 518, eaaw3680 (2019) 1-10. DOI: 10.1126/scitranslmed.aaw3680

71 A.Kaushal Balakrishna, M. Abdul Wazed, M. Farid,A Review on the effect of high pressure processing (HPP) on Gelatinization and Infusion of Nutrients, Molecules 2020, 25, 2369 1-19.

72 L. Liu, W. Zhao, Q. Ma, et al. Functional nano-systems for trans-dermal drug delivery and skin therapy. Nanoscale Adv. 5 (2023) 1527-1558.

73 L. Fan, J. Huang, S. Ma, Recent advances in delivery of transdermal nutrients: A review, 33, 1, e14966 (2024) 1-14.

74 J. Chen, Synthetic biology for future food: Research progress and future diretions, Future Foods, 3, 100025 (2021) 1-12.

75 Y-Ammar A., Sierra D., Mérola F., Hildebrandt N., Le Guével X.,

Nanoclusters de ouro auto-montados para imagens de fluorescência brilhante e entrega aprimorada de medicamentos. ACS Nano (2016) 10, 2: 2591-2599.

76 Bracamonte A. Guillermo, Brouard D., Lessard-Viger M., Boudreau D., Veglia Alicia V. Síntese de complexos nano-supramoleculares: controlo de fluorescência melhorado com interrutor ligado/desligado e libertação molecular utilizando uma reação química simples. Microchemical Journal (2016) 128:297-304.

77 Brouard D., Ratelle O., Bracamonte A. Guillermo, St-Louis M., Boudreau D. Deteção molecular direta do gene SRY a partir de ADN genómico não amplificado por fluorescência reforçada com metal e FRET. Analytical Methods (2013) 5:6896 - 6899.

78 Brouard D.; Lessard Viger M.; Bracamonte A. G.; Boudreau D. Nanoplasmonic sensing of nucleic acids using fluorescent core-shell nanoparticles and a cationic fluorescent polymer. ACS Nano (2011) 5:1888-1896.

79 Síntese de Nanopartículas Fluorescentes de Núcleo Metálico revestidas com um Polímero Biodegradável aplicadas à libertação controlada de Fármacos. Gontero, D. [2]; Bracamonte, A. G. [1]; Boudreau, D. [2]; Veglia, A. [1]. [1] Instituto de Investigaciones en Físicoquímica de Córdoba (INFIQC), Departamento de Química Orgánica, Facultad de Ciencias Químicas, Universidad Nacional de Córdoba. Ciudad Universitaria, 5000 Córdoba, Argentina [2] Dep. de chimie et Centre d'optique, photonique et laser (COPL),

Université Laval, Québec, Canadá. VI Congresso Iberoamericano de Ciências Farmacêuticas. Simpósio de Tecnologia Farmacêutica (COIFFA), 4-6 de novembro de 2015, Córdoba, Córdoba, Argentina. Livro de Resumos-SAFE 2015 ISSN 2250-4079 (B- III-87 - 230).

80 Nanopartículas core-shell biodegradáveis fluorescentes aplicadas como plataformas para diagnóstico molecular por nanoimagem e aplicações de drug delivery. Gontero,

D. [2]; Bracamonte, G. [1]; Boudreau, D. [2]; Veglia, A [1]. INFIQC, Departamento de Química Orgânica, Faculdade de Ciências Químicas, Universidade Nacional de Córdoba. Dep. de Química e Centro de Ótica, Fotónica e Laser (COPL),

Universidade Laval, Québec, Canadá. Diagnóstico Molecular 2016. Evento virtual. Labroots, ACS 6-8 de abril de 2016.

MIX
Papier aus verantwortungsvollen Quellen
Paper from responsible sources
FSC® C105338

Printed by Books on Demand GmbH, Norderstedt / Germany